夜航船

送给孩子的天文地理百科全书

天文部 2

（明）张 岱 著

杨钦兆 编著

张 琦 绘

航空工业出版社
北京

内 容 提 要

学识就是硬通货，青少年上知天文下知地理才称得上是博学少年。本套书从天文、地理两个方向出发，为青少年读者科普中国古代天文地理知识，让他们了解灿烂的中华文化，培养科学探索精神，提升人文素养。

图书在版编目（CIP）数据

夜航船：送给孩子的天文地理百科全书.天文部.2/（明）张岱著；杨钦兆编著；张琦绘.－－北京：航空工业出版社，2023.12
ISBN 978-7-5165-3527-1

Ⅰ.①夜… Ⅱ.①张… ②杨… ③张… Ⅲ.①天文学史-中国-古代-青少年读物 Ⅳ.① P1-092 ② K90-092

中国国家版本馆 CIP 数据核字（2023）第 197439 号

夜航船：送给孩子的天文地理百科全书·天文部 2
Yehangchuan：Songgei Haizi de Tianwen Dili Baikequanshu·Tianwenbu 2

航空工业出版社出版发行
（北京市朝阳区京顺路 5 号曙光大厦 C 座四层　100028）
发行部电话：010-85672688　010-85672689

三河市双升印务有限公司印刷　　　全国各地新华书店经售
2023 年 12 月第 1 版　　　　　　　2023 年 12 月第 1 次印刷
开本：710×1000　1/16　　　　　　字数：56 千字
印张：5　　　　　　　　　　　　　定价：158.00 元（全 4 册）

·目 录·

01 文明的曙光——日 ……………………………… 1

02 精神的家园——月 ……………………………… 11

03 古人的星辰大海 ………………………………… 19

04 古代天文学家，你知多少? …………………… 33

05 古代天文历法仪器 ……………………………… 57

06 宇宙的大门——古代天文台 …………………… 71

01

文明的曙光——日

在古代神话故事中，有一位叫夸父的人物，他身材高大，奋力地追赶太阳。放到现在，我们会觉得这简直是痴人说梦！可是夸父没有轻言放弃，他一直跑一直跑，跑了很久，渴极了，就找地方喝水。他喝光了黄河和渭河的水还不够，又向北跑去找大泽，最后渴死在找水的途中。他遗留下来的木杖，化为邓林。

夸父逐日的行为放在今天虽然并不可取，但他永不言败、勇于探索的精神值得我们学习。不过，如果当时的夸父突破第一宇宙速度，达到第二宇宙速度❶，能不能追上太阳呢？太阳是一颗能自己发光、发热的恒星，人类生活在地球上，受地球重力及宇宙空间粒子等影响，是很难凭借一己之力追上太阳的。即便依靠航天器飞行到太阳，可能还没有进入日冕层，就

❶ 第二宇宙速度：摆脱地球引力束缚飞往宇宙空间所需的初始速度，这个速度值为11.2 千米／秒。

被一百万摄氏度的高温给熔化了。

其实，除了夸父这个神话人物，古人凭借自己的智慧和想象，还对宇宙空间展开过很多探索。比如，太阳每天东升西落，古人就把太阳升起的地方叫"东隅"，把太阳落下的地方叫作"桑榆"。人们日出而作、日落而息，周而复始，便认为太阳和自己生活的这块土地，是一种运行状态。直到"天狗食日"或"天狗食月"这种异乎寻常的天象出现，古人才开始反思自己，从自己身上找原因。他们认为是自己近期的表现不好，触怒了上天，才导致天降异象。但随着认知的不断深入，人们对"天狗食日""天狗食月"这种天象有了更深入的了解，才明白这类天象叫作"日食"或"月食"。

汉朝建武七年（公元31年），有一位叫郑兴的大臣给当朝皇帝上疏有关"日食在晦❶"的天文现象。只是发生了日食而已，有必要记录在案汇报给皇帝吗？我们来听听这位大臣是怎么和皇帝说的。

"皇上，臣最近非常惶恐啊！近年来的日食现象都发生在月末，像这种提前发生的日食，是因为天上的月亮运行得太快了。"

皇帝听得有些不耐烦了，急忙说："天上的月亮朕又管不了，这与朕何干啊？"

郑兴觉得这次日食兹事体大，不能草率了事，连忙和自己的领导解释说："皇上，您象征着太阳，我们做臣子的是月亮。如果您平时处理政事太严厉、太急迫，那我们做臣子的处理工作的时候也会照葫芦画瓢，和您一样严苛啊！正是因为这样，月亮才运行过快，导致异象发生。"

皇帝听了半天大臣的工作汇报，一脸疑惑的样子，没听懂这个郑兴到底要表达什么。皇帝就问他："你葫芦里到底卖的什么药？你说月亮运行过快，这月亮好好地挂在天上，咱们也管不了。你就说到底咋办吧！"

郑兴捏了一把冷汗，秉承着为大汉江山谋福祉的信念说："皇上啊，恕

---

❶ 晦：农历每月的最后一天。

臣直言，这次异象就是提醒您，办公的时候不要太严厉、太急迫了，这样我们做臣子的吃不消啊！"

皇上听完，暗自嘀咕：明明是自己想偷懒，偏要赖天象。

古人崇拜自然天象，从自然万物的运行规律中衍生出一套自己的理念和信仰。遇到大灾大难（如大旱、瘟疫等）或异常天象的时候，就会认为这是上天的警示，提醒人们应该注意自身的德行。尤其是君王，往往会在这种时候自省，给百姓写道歉信，也就是发布罪己诏，祈求上天宽恕，说自己最近懒于朝政，总是动土盖房子，导致百姓受苦，以后一定勤勤恳恳，为天下百姓谋福祉。上天可千万不要把对我的惩罚转嫁到我的子民身上啊。

因此，郑兴观察到日食发生在月底，而不是像平常记录的那样发生在朔日❶，便将日食提前发生这种异常的天象报告给了皇帝。

---

❶ 朔日：农历每月初一。

日食这种天象对古人的影响，听起来可能有些玄幻，但这是农耕文化在长期发展过程中形成的。我国古代以农业为本，属于农耕文化，靠天吃饭，人们希望远离天灾人祸，有个好收成，便将异常的天象附会在人事上，企图从"上天的启示"中获得指引。于是他们用心地观察天象、记录天象，将其当作国家大事来看待，让我国拥有世界上最早、最完整、最丰富的日食记录。比如，陶寺城址的考古发现证明，公元前2100年的我国原始社会末期，就有了世界上最早的观象台。

现在我们都知道，日食只是一种天文现象。当月球运行到太阳和地球中间，月球就会挡住太阳射向地球的光，从而发生日食现象。日食有日全食、日偏食、日环食，每年最少发生两次，最多发生五次。发生日食的时候，切勿直视太阳，否则会造成短暂性失明，严重时还会造成永久性失明。

古人不断地与大自然作斗争，从实践中总结经验、提高技术。如果说

日食这种天象给予古人更多的是精神层面的影响，那么"向日取火"才真真正正地拉近了古人与太阳之间的距离，让他们觉得高高挂在天上的太阳也没有那么神秘。从钻木取火到打火石碰撞起火，再到向日取火，聪明的古人逐渐掌握取火技能，甚至用铜或铜的合金做成凹面镜一样的阳燧，对准太阳，聚集太阳光来取火，用以烧水、做饭。

　　阳燧的取火原理，与我们课堂上学到的用放大镜聚集太阳光点燃火柴的原理类似，都是将太阳光汇聚到一个点上，获取高温，从而点燃物体，只不过阳燧利用的是太阳光的反射原理，放大镜利用的是太阳光的折射原理。在科技不断发展的今天，太阳为生活在地球上的人类提供了源源不断的可再生能源——太阳能。人们利用太阳能，可以发电、帮助热水器烧水、从海水中获得淡水。我国建造的天宫空间站，也装有太阳能电池帆板，这些帆板将太阳能转化为电能储存在蓄电池中，供空间站使用。

　　总之，太阳是人类的宝库。从蒙昧时代，到科技发达的现代，太阳始终照耀着人类，指引人类不断地走向更广阔的未来。

　　🔅 **大开脑洞**

　　用放大镜聚焦太阳光可以点燃火柴，聪明的你来想一想：通过放大镜聚焦月光，能点燃火柴吗？

长知识了

1 **光球层、色球层、日冕层：** 太阳也有大气层，从里到外分别为光球层、色球层和日冕层。光球层用肉眼就可以观察到，色球层和日冕层一般用肉眼观察不到，在日全食或借助特殊仪器的时候才可以观察到。日冕层不断地吞吐火舌，可以延伸几个太阳半径，甚至更远。

2 **日珥：** 色球层上喷射的弧状气体，因为像太阳的耳朵得名。日全食时，肉眼可以观测到火红的日珥。日珥爆发时，会喷射大量带电粒子。

3 **太阳黑子：** 出现在光球层上的黑色斑点。当区域温度比周围低时，颜色看上去就会比其他地方深一些，看起来像个黑色的斑点。太阳黑子的数量有周期性变化，有的年份多，有的年份少。

4 **太阳耀斑：** 色球层表面忽然出现的大而亮的斑块。一个大的太阳耀斑可以发出相当于10亿颗氢弹爆炸所产生的能量。

5 **日冕物质抛射：** 日冕结构在几分钟至几小时内向外抛射大量带电粒子，这会使日冕大范围地受到扰动，破坏太阳风的流动，是规模最大、程度最剧烈的太阳活动。

6 **黄棉袄：** 冬天的太阳，有"黄棉袄"之称。

7 **宇宙速度：** 地球引力场内，人造天体进入太空的三种最小初始速度。第一宇宙速度，人造卫星离开地球所需的初始速度，约7.9千米/秒；第二宇宙速度，摆脱地球引力前往太阳系其他星球所需的初始速度，约11.2千米/秒；第三宇宙速度，摆脱太阳系引力前往银河系内其他恒星系所需的初始速度，约16.7千米/秒。

夜航船驿站

白虹贯日

"风萧萧兮易水寒，壮士一去兮不复还！"战国末期，有一个厉害的刺客，名叫荆轲。燕国的太子丹和秦国有仇，于是派荆轲去刺杀嬴政，并在易水河边为荆轲壮行。秦王有很多护卫，荆轲的这次刺杀行动，不管成功还是失败，他都很难活下来，因此，这场刺杀就显得特别悲壮，连上天都为之动容，一道白虹横贯太阳，出现白虹贯日的异象。这么壮丽的景观也没能为荆轲助力成功，荆轲刺杀失败。之后，"白虹贯日"作为一种异象，被古人记录了下来。他们认为出现这种异象的时候是君王遇害或者英雄感动上天的征兆。

蜀犬吠日

四川多雾，难得见到太阳，那里的狗偶然看到日出，以为是非常恐怖的东西，就对着太阳"汪汪汪"地叫。人们见此，就喜欢用"蜀犬吠日"来讽刺那些少见多怪的人。

田父献曝

东周时期宋国的一位农夫，闲着没事就喜欢晒太阳，觉得后背晒得非常暖和。有一天，享受日光浴的他突然想到一个好点子，赶紧回家和自己的媳妇商量："晒太阳很舒服，别人都不知道日光浴的美妙感觉，你说我把这个秘诀献给君主，会不会得到重赏呢？"大家知道后都无言以对，哈哈大笑。

日乃而亡

夏朝的君主桀是历史上有名的暴君，曾口出狂言："现在整个天下都是我的，我就像那天上的太阳，只有太阳消亡了，我才会灭亡。"然而，从夏到周，从周到秦、汉，再到唐、宋、元、明、清，一直到今天，太阳还没有消亡，可是夏桀和他的夏朝已经灭亡3000多年了。可见，时移世易，人世间的东西，很难永恒，修养自身的德行、提高自己的能力才是明智的生存之道。

02

精神的家园——月

传说，远古时期后羿有 一个美丽的妻子叫嫦娥，他们夫妻十分恩爱。有一天，后羿从西王母那里求得不死药，他将不死药放在家里，没来得及服用就被嫦娥偷吃了。嫦娥吃了不死药之后，飞上月宫。

传说中的月宫里不仅有嫦娥，还有高达五百尺的桂树——就是我们常说的月桂。有一个名叫吴刚的人，学习仙术的时候犯了错，被罚在这里砍桂树。不过，也不知道是为了罚他，还是月桂本身如此，吴刚砍到月桂树上的创口立刻就会修复，所以吴刚只能一直砍一直砍。陪伴吴刚的，还有月桂树下一只捣药的玉兔。

唐代的大诗人李商隐，看着明亮的星空，想到月宫中的嫦娥，写下了《嫦娥》这首诗来表达自己的所思所想。

嫦 娥

李商隐

云母屏风烛影深，长河渐落晓星沉。
嫦娥应悔偷灵药，碧海青天夜夜心。

月宫究竟有没有嫦娥？有没有月桂？有没有吴刚和玉兔呢？答案肯定是没有的。那月亮上有什么呢？有环形山。月亮表面明暗相间，亮的区域是高地，暗的区域是平原或盆地等低陷地带，那些环形山主要是早期小天体频繁撞击出现的坑洞，还有古老的火山爆发形成的坑洞。

虽然月球上没有嫦娥，但我们对月球的探索没有停止过。2004年，中国正式开展月球探测工程，并命名为"嫦娥工程"，分别于2007年、2010年、2013年、2018年、2020年发射了"嫦娥一号""嫦娥二号""嫦娥三号""嫦娥四号""嫦娥五号"月球探测器，帮助我们更加深入地研究月球。其中"嫦娥五号"探测器是中国首个实施无人月面取样返回的月球探测器，这些月壤标本为我们研究月球提供了很大的帮助。

月球围绕地球公转，是地球的天然卫星。在地球上看，月亮比其他星星大、比其他星星亮，在夜空中简直"一骑绝尘"。在古代传说中，圣贤之人出生的时候，通常都会伴有祥瑞的天象。比如，上古时期，黄帝的儿子昌意娶了蜀山氏的女枢为妻。女枢看到吉星瑶光❶的星光有如长虹一般贯穿月亮，有感于此，便怀了孩子，在若水生下了颛（zhuān）项（xū）高阳氏。颛项高阳氏，就是上古部落联盟的首领，也是传说中的五帝❷之一。

天下之大，无奇不有。除了女枢有感瑶光贯月而受孕，还有对着月亮使劲儿喘气的大水牛。传说吴地的水牛被太阳晒得怕了，晚上看到月亮，还以为那是酷热的太阳，就使劲儿喘气。众人纷纷嘲笑那头笨牛，到现在，人们还用"吴牛喘月"来形容那些见到类似让自己受过伤害的事物而过分惊惧的情况。

❶ 瑶光：北斗七星中的一颗。
❷ 五帝：传说中的上古帝王，通常指黄帝、颛项、帝喾（kù）、唐尧、虞舜。

有人害怕月亮，有人却对着月亮思考起来。东汉名士徐穉（zhì）为人谦逊，受人爱戴，他小的时候是个小神童。九岁的时候，徐穉在月光下玩耍，就有人问他："如果月亮中什么也没有，会不会更明亮呢？"徐穉回答："不会。就像人的眼中没有瞳仁就不再闪亮一样，如果月亮中什么都没有，那也是不会亮的。"你听听，神童就是神童，果真有自己的想法！

明朝洪武年间也诞生了一位神童，这位神童名叫苏福。这个小孩儿有意思，直追唐代大诗人李白浪漫主义的脚步，大笔一挥，作诗《初一夜月》。

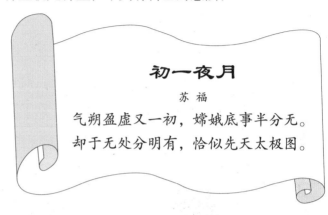

初一夜月

苏 福

气朔盈虚又一初，嫦娥底事半分无。
却于无处分明有，恰似先天太极图。

这首诗的意思是，在阴阳两气充满月亮之后，月亮又渐渐恢复到了初一那天弯弯的小船的形状，我望着月亮找嫦娥，怎么也看不清楚她的模样。如果说月亮上面没有嫦娥，但仿佛她又住在里面，就像先天太极一样若有若无。

不得不佩服，这么小的孩子观察事物这么仔细，但可惜聪明的苏福十多岁就离开人世间了。

相传，明朝的开国皇帝朱元璋看到皇孙朱允炆的头骨有些偏，就笑他是"半边月儿"。一天晚上，太子朱标带着朱允炆到朱元璋跟前侍候，朱元璋便让大家作诗来吟咏新月。

太子朱标作诗：

昨夜严滩失钓钩，何人移上碧云头？
虽然未得团圆相，也有清光遍九州。

皇孙朱允炆作诗：

> 谁将玉指甲，掐破碧天痕。
>
> 影落江湖里，蛟龙未敢吞。

太祖朱元璋听到"未得团圆""影落江湖"几句便感觉这不是什么好兆头。果然，太子朱标还没继承皇位就去世了，而皇孙朱允炆继承皇位之后，没当几年皇帝就被叔叔朱棣取代，从皇位上跌了下来。这二人作的诗简直是在给自己写谶（chèn）言啊！

对于古人而言，月亮是一种精神寄托。他们渴望圆满、追求圆满。于是每年农历八月十五的圆月之日，全家就会团聚在一起，吃月饼、赏花

灯、饮桂花酒，享受一家团聚的欢乐时光。而游子离开家乡，每当圆月就容易引发思乡之情。唐代诗人王建就在月夜写了一首《十五夜望月寄杜郎中》，来表达自己的思乡之情。

十五夜望月寄杜郎中

王建

中庭地白树栖鸦，冷露无声湿桂花。

今夜月明人尽望，不知秋思落谁家！

　　古人关注月亮，他们吟咏月亮，通过月亮表达自己的思想感情，不管是思念家乡还是思念故人，不管是落魄失意还是偶尔感慨，他们都喜欢对月思考，通过月亮展开哲学论辩，获得思想财富。今天的我们也关注月亮：用天文望远镜观测它，向它发射探测器，甚至登上月球去探索它。

1 卫星： 按一定轨道绕行星运行的天体，本身不能发光，分为人造卫星和天然卫星。

2 月球的运动： 月球是地球的卫星，它围绕地球运转，同时跟随地球一起围绕太阳公转。月球的自转方向与公转方向相同，周期为27.32166天（恰好等于它绕地球转动的周期），属于同步自转，这是潮汐摩擦长期作用达到一个相对稳定状态的结果。

3 月相： 人们看到的月亮表面发亮部分的形状，主要有朔（刚开始的月亮，还看不见）、上弦月、望（圆月）、下弦月四种，会呈现出我们看到的"阴晴圆缺"的效果。月相由朔到望的周期为29.53059天。

4 蛾眉月： 新月前后的月相，形如弯曲的蛾眉，故名。有上下蛾眉月之分：上蛾眉月出现在西南方的天空，位于太阳之东；下蛾眉月出现在东南方的天空，位于太阳之西。

5 海洋潮汐现象： 一种周期性全球海水涨落现象。海水涨至最高时，月球正好在当地升至最高或降至最低之时或稍后。涨落的幅度（潮差），与月相的变化相呼应。在朔、望或稍后，涨落幅度会两次达到最大（大潮）；在上弦、下弦或稍后，涨落幅度会两次达到最小（小潮）。

6 嫦娥工程： 中国国家航天局于2004年3月1日启动的探月试验，是中国第一个探月工程，分为"无人月球探测""载人登月""建立月球基地"三个阶段。

03

古人的星辰大海

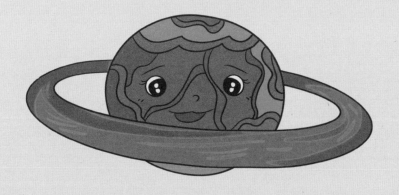

你知道什么时候的星星看起来最亮吗？你知道恒星和行星的区别吗？你知道为什么天空中的星星会有不同的颜色吗？你知道为什么白天看不到星星吗？其实，星星、月亮和太阳，在白天和夜晚是一样存在的，只是白天的太阳光太强，星星和月亮的光相对较弱才看不到它们。一天中，黎明前的星星最亮；一年中，夏、冬两季的星空更加璀璨。我们肉眼可见的天体，绝大部分是银河系中的恒星。恒星，本身能发光、发热，它的颜色跟表面温度有密切联系。而行星，是围绕恒星运行的天体，它本身不发光，只能反射太阳光。行星的颜色主要由它表面的大气和地貌性质决定，比如，火星表面的主要成分是赤铁矿（氧化铁），所以才会呈现耀眼的火红色。天空中的星星不仅颜色有别，明暗也不相同，现在我们用"星等"来表示天体的亮度，最亮的是一等星，之后是二等星、三等星……

古人眼中的星星是什么样的？古人又是怎么认识星星的呢？

大勺子和它的朋友——北斗七星与北极星

北边的天空始终有一颗亮眼的星星，它就是北极星。夜晚迷路的时候，找到它就能判断北边的方位。怎样才能找到北极星呢？我们一般通过北斗七星来找北极星。

北斗七星呈勺状，分别由天枢（北斗一）、天璇（北斗二）、天玑（北斗三）、天权（北斗四）、玉衡（北斗五）、开阳（北斗六）、瑶光（北斗七）七颗星星组成。北斗七星的前四颗星组成它的斗，后三颗星组成它的长柄。将天璇（北斗二）和天枢（北斗一）连起来，向天枢（北斗一）的方向延长五倍，就是北极星所在的位置。不过，因为北极星一直都在北极上空，南半球是看不见的，用北极星指路的方法只在北半球有效。位于南半球的学生有些惨了，想看北极星，还要跨越赤道来到北半球。

北斗七星不是一个星座，它属于大熊座❶的一部分。它不仅可以帮我们找到北极星，还可以帮助古人判断季节：斗柄指向东边时，就是春季；斗柄指向南边时，就是夏季；斗柄指向西边时，就是秋季；斗柄指向北边时，就是冬季。

不过，在南半球，我们无法看到完整的北斗七星，为什么呢？这是因为在南半球看北斗七星的时候，北斗七星被地球自身遮挡，只能在赤道附近的某些时刻看到，在南极根本就看不到。所以，利用北斗七星判断季节在北半球才有效。因为北斗七星的赤纬❷非常高，夏季成为观测北斗七星的最佳时间。

北斗七星的位置会不会发生变化，让我们无法根据勺状外形找到它

---

❶ 大熊座：位置离北极星不远的星座，北斗七星是大熊座中最亮的七颗星。

❷ 赤纬：与地球上的纬度相似，是纬度在天球上的投影。

呢？科学家推测，北斗七星在很长时间内都将呈勺状，所以我们不用担心过几年它就变形的问题。

二十八个星星庄园——二十八宿

为研究方便，天文学将星空划分出88个星座，并根据各自的特征进行命名。比如冬天的黑夜，面向南边天空可以看到猎户座，它的外形就像一个猎人拿着工具在打猎，由此得名。我国古代人在研究星象时，创造了另一种划分星群的方式。

古人将天赤道❶和黄道❷附近的恒星，划分为二十八个星区，叫作

❶ 天赤道：延伸地球赤道面与天球相交的大圆。天球，指以观测者为中心，天体在圆球面上的投影位置。

❷ 黄道：地球上看太阳于一年内在恒星之间所走的视路径，即地球的公转轨道平面与天球相交的大圆。

二十八宿。二十八宿分列在东、南、西、北四个方向，与青龙、白虎、朱雀、玄武四种神兽形象相配。每个方向的天空有七宿，但一个星宿并不是一颗星星，而是由多颗星星构成的。

东方青龙七宿，分别是角宿、亢宿、氐宿、房宿、心宿、尾宿、箕宿，它们组合起来，就像一条长龙盘旋在东方的星空中。东方苍龙七宿的第一宿角宿，象征龙角。春回大地，角宿缓慢升起，龙角微抬。而农历二月刚好步入春天，因此在二月初二民间会有"二月二，龙抬头"的说法。东方苍龙第二宿亢宿，象征青龙的脖子。东方苍龙七宿的第三宿氐宿，象征龙头下面的胸腹部分，清晨看到氐宿升到中天，就可以判断草木凋零的时节到了。东方苍龙七宿的第四宿房宿，有4颗星，排列成一条南北向的直线。东方苍龙七宿的第五宿心宿，象征龙心，其中一颗名为"心宿二"，又称大火星。我们经常听到一个成语——"七月流火"，被很多人误用来

表示天气非常炎热。划重点，这可是非常严重的知识性错误！"七月流火"表示的是一种天文现象，指农历七月，天气转凉的时候，天刚擦黑就可以看见大火星从西方落下。"七月流火"意味着天气就要转凉了，可不是天气越来越热。东方苍龙七宿的第六宿尾宿，象征龙尾，几颗星排成弯弯的一条，就像龙尾一样。东方苍龙七宿的最后一宿为箕宿，像簸箕一样呈"口"字形。

西方白虎七宿，分别是奎宿、娄宿、胃宿、昴宿、毕宿、觜宿、参宿，它们组合起来，就像白虎盘旋在西方的星空中。西方白虎七宿的第一宿是奎宿，在古代神话中，"魁星"是"奎星"的俗称，主宰文章兴衰，而写好文章是古代读书人的追求，就连建造楼阁也爱取"魁星楼""魁星阁"这样的名字。唐代的读书人考中进士之后，要在皇宫正殿前迎榜。迎榜时，考中进士的站在阶下，头名状元则站在雕有龙和鳌的图案的台阶上，并且站在鳌头之上，因此人们用"魁星点斗，独占鳌头"来比喻文人考中状元。西方白虎七宿的第五宿毕宿，形如丫杈，位于冬季夜空中毕星团所在的区域。古人说，毕星为雨神，与下雨有关，月儿投入毕星，就是下雨的征兆。

南方朱雀七宿，分别是井宿、鬼宿、柳宿、星宿、张宿、翼宿、轸宿，它们组合起来，就像传说中的神鸟朱雀盘旋在南方的星空中。南方朱雀的第二宿是朱雀的头部，第四宿被看作颈部，第五宿像朱雀的嗉子，第六宿是朱雀的翅膀。

北方玄武七宿，分别是斗宿、牛宿、女宿、虚宿、危宿、室宿、壁宿，它们组合起来，就像传说中龟蛇合体的玄武盘旋在北方的星空中。北方玄武七宿的第一宿为斗宿，斗宿中的南斗六星再加上北斗七星和福禄寿三星构成了古代十六两一斤的特殊进制。传说，木杆秤是鲁班通过杠杆原理发明的，他当时根据南斗六星和北斗七星在杆秤上刻了13颗星花，定位十三两一斤。之后，秦始皇统一天下加上福禄寿三星，改为十六两一斤。

二十八星宿是古人为了方便观星划分的二十八个星区，饱含中国的传统文化。这些星宿所代表的文化还体现在诗歌佳作与古代建筑中。

杜甫在诗歌《赠卫八处士》中写道，"人生不相见，动如参与商"，意思是说人生动辄就像参星与商星一样，此出彼没，难以相见。商宿属于东方青龙七宿，参宿属于西方白虎七宿，杜甫用参商二星宿在天空中此出彼没、永无相见之日的特性，来说明人生也有同样的境遇，充满人生哲思和浪漫情怀。诗圣不愧是诗圣，信手拈来就是千古名句。

王勃在《滕王阁序》中，用"星分翼轸，地接衡庐"来描述洪州所处的位置，洪州在天对应翼宿和轸宿的分野处，在地位于衡山和庐山的连接处。"翼""轸"，是南方朱雀七宿中相邻的两宿，王勃用它们遥遥定位洪州所在的位置。《滕王阁序》中的语言，给人一种神采飞扬的感觉，这与

作者高超的文字驾驭能力有极大的关系。

介休市的张壁古堡，是我国现存比较完好的古代袖珍"城堡"。这座古堡被称为"中国星象第一村"，古堡中遗存的古代建筑物与星象相对应的达30多处，如水井、戏台、七星槐等。

☁ 太阳的忠实粉丝——五星

水星靠近太阳，是太阳系中最小的一颗行星，仅比月球大1/3，因为只能在清晨、黄昏或日全食的时候才能被清楚地观测到，所以古代叫它辰星。

金星，是太阳系中最亮的一颗行星，在古代被称为"太白金星"。它早晨出现在东方，叫"启明星"；晚上出现在西方，叫"长庚星"。古人认为太白金星是阴星，白天应该看不到才对，如果它出现在白天，就叫作"太白经天"。古人认为出现"太白经天"的现象，天下就会大乱，不仅皇帝要换人，百姓也会流离失所。据说，唐代大诗人李白的母亲怀他的时候，梦到了长庚星，于是将李白的小名取为"长庚"，后来才改为"白"并取字"太白"。李白的名字来源与太白金星有关，但不知道他的天纵之才，是否得益于太白金星呢？

木星又称岁星，太阳系中体积最大的一颗行星。因其绕行天球一年需12年，与地支相同，故名岁星。

火星，因为行踪捉摸不定，在古代被叫作"荧惑星"。如果火星在东方青龙七宿的心宿发生"留"的现象，即停在心宿不向前运动，这种现象被称为"荧惑守心"。古人认为，发生荧惑守心的天象，预示着君王会发生灾祸。

宋景公时，天上就发生了荧惑守心的现象。宋景公问司星官子韦："这荧惑守心的天象到底是什么意思？"子韦战战兢兢地说："陛下，这是不祥的征兆啊！您恐怕要面临灾祸了。"宋景公说："这可不行啊，我如果有了灾祸，天下怎么办啊？"子韦向宋景公建议说："这种天文现象可以转移到宰相身上，这样陛下就不会有灾祸了。"宋景公连连摇头说："不行，这可不行，宰相是肱股之臣，怎么能让宰相有灾祸呢？"子韦反说："除了宰相，百姓也行。"宋景公这次摇头摇得脑袋都要掉下来了，惊恐地说："这是万万不行的啊，百姓都没了，我做这君主有何意义？"这次子韦说："转移到任何人的身上貌似都不好，可以转移到农业上，让粮食歉收。"宋景公一连听到三个转移的对象目标，都不合自己的心意。对子韦说："粮食歉收就会发生饥荒，百姓会被饿死。子韦啊，你倒是说个正经的，怎么解决这个天象呢？"子韦哈哈一笑："陛下，我提出了三种方案，而您说了三次仁德的话，您是真心为天下黎民百姓考虑的。火星必定会迁徙三次。"果然，火星移了三次位置，灾祸也就免除了。

土星，八大行星之一，它运行缓慢，古人认为，土星每28年运行一周天，就像每年坐镇二十八宿中的 宿 样，因此在古代被叫作镇星。土星的密度非常小，以至于在快速自转的时候，形状更趋向于扁平。如果正球型是标准身材的话，那土星真是越转越扁，活生生的把自己的"身材"变了样。

星空中的魔法师——彗星

除"五星"之外，还有一种让古人诚惶诚恐的星体，它就是彗星。但凡彗星有点风吹草动，古人都紧张得不得了，因为他们把彗星的出现和战争、饥荒、洪水、瘟疫等灾难联系在一起。其实，彗星是一种绕着太阳旋转的星体，体积大，密度小，平均质量比小行星更小，因为背向太阳的一面常常拖着一条扫帚状的长尾巴，因此在古代又叫"长星"，也叫"欃（chán）枪"。根据芒角的不同，彗星也分为好几种：芒角四射的叫"孛"（bèi），芒角长得像扫帚一样的叫"彗"，芒角特别长的叫"蚩尤旗"。

大开脑洞

在北半球可以通过北极星来辨别方向，那么在南半球靠什么来辨别方向呢？

① 恒星：能发出光和热的天体，恒星的大小和发光量差异很大。

② 行星：围绕恒星运行的、近似球状的天体。行星的质量比恒星小，本身不发光，靠反射恒星的光而发亮，如太阳系八大行星水星、金星、地球、火星、木星、土星、天王星、海王星。

③ 星云：外表呈云雾状的天体，由气体和尘埃组成，主要物质是氢，如猎户座星云。

④ 流星体：分布在星际空间的细小物体和尘粒，通常比小行星和彗星更小。它们飞入地球大气层，会跟大气摩擦发生热和光，这种现象叫流星，通常所说的流星指的就是这种短时间发光的流星体。

⑤ 白矮星：0.5倍到8倍太阳质量的恒星晚年演化的产物，体积小密度大。

⑥ 中子星：8倍到30倍太阳质量恒星晚年超新星爆发后的产物。

⑦ 黑洞：30倍太阳质量以上的恒星晚年坍塌的产物，由于海量物质被堆积在时空的一点，导致其逃逸速度超过了光速，所以外表一片漆黑。

⑧ 致密星：不同质量恒星演化晚期产物的总称，也是白矮星、中子星和恒星级黑洞的统称。

夜航船驿站

🌟 吞坠星

流星坠落之后就是陨石，这吃起来是什么味道呀？据说五代时有一个叫汤悦的人吃过，汤悦从小聪明有悟性，有一天，流星的碎屑物掉到水盆里，便被他捞起来吞了下去。自此，他越发文思清丽，文笔好得不得了。汤悦长大后还在南唐做官，一直做到了宰相的位置，朝廷的檄文、诰语，都出自他的笔下。陨石不能吃，想要和汤悦一样才华横溢，还需要认真读书，努力学习。

🌟 客星犯御座

看看天象就知道皇帝有没有事，这么神奇的事情，你能想象吗？东汉有个著名的隐士，名叫严光，他与光武帝刘秀小时候是同学，两人交情深厚。刘秀做了皇帝之后，时常想起从前的同窗之谊，于是让人寻找严光，并将严光请到了皇宫。两人见面后，有说不完的话，谈了一天，刘秀请严光留宿，严光睡着之后，还把脚放到了光武帝的肚子上。第二天，负责观察天象的太史上奏，说："客星犯御座，情况危急。"光武帝笑着摆摆手，说："只是我与老朋友严光同床而卧罢了。"看来，隐士严光放达，光武帝刘秀豁达，他们都不拘小节，难怪可以成为好朋友。

古代天文学家，你知多少？

我国有文字记录的历史，始自商代的盘庚，即公元前14世纪。在此之前的历史，基本上依靠口口相传或零散地记录在后世的典籍中。据说，三皇五帝的颛顼时期，设立火正官职，专门负责观测天象，看到大火星出现在东方，就说明春耕时节到了。火正就相当于那个时候的天文学家。从夏代开始，我国进入奴隶制社会，夏、商、周时期的天文工作，基本上都是由巫、祝、史、卜等宗教人员，或者是记述历史的人员来兼任的。但随着天文工作成果的积累，加上天文、历法的密切关系，天文工作也越来越复杂而精细，甚至需要大量的计算。这时候，就出现了越来越多的天文学家。

战国"双雄"——石申、甘德

石申和甘德是战国时期的天文学家，他们一起著作了《甘石星经》，虽然现在流传的《甘石星经》并不是原著，但他们已经成为古代天文研究领域的明星，让人肃然起敬。

石申，战国时期魏国人。大约生活于公元前400年，他自制"天体测量仪"，测定了上百颗星星在星空中的坐标，并把星空中相邻的星星用假想的直线连接起来，组合成类似星座的星宿。石申利用自己制作的观测仪器，发现了许多天体的运行规律和天文现象。

石申测量出最早的黄赤交角[1]，他测得的倾斜角为23°21′，与当时的实际数据23°44′仅相差23′（现在的黄赤交角为23°26′），可见他发明的观测仪器精度之高。石申首次发现并记录了行星的"逆行"现象，他观察到众多行星围绕恒星由西向东运行，但有些行星在运行一段时间后会掉头向西运行，过一段时间之后才会恢复过来，并且这些行星还按照一定轨迹周而复始地运行。

---

[1] 黄赤交角：黄道平面与天赤道平面的交角。

　　石申还首次发现并记录了"太阳黑子""日冕""日珥"现象，总结了月球的运行规律，他还把彗星分为"索""拂星""扫星""彗星"四类。根据自己的观测结果，石申编制了《石氏星表》，绘制出最古老的恒星表，著有《天文》八卷，这些都成为后世进行天文研究的基础。为了纪念石申，人们将月球背面的一座环形山命名为"石申环形山"。

　　甘德，生活在公元前300多年，战国时期齐国人。他在石申《石氏星表》的基础上创造出"甘氏四七法"，即把星空中的恒星划分为东、南、西、北四个区域，每个区域又划分为七个部分，总共分成二十八个星区，即"二十八宿"。这二十八个星区是用来定位星体的，可以用它来测量天体的坐标和运行状况。

　　甘德还在石申发现的行星"逆行"现象的基础上，经过多年的观测和精密的计算，得出火星平均每过587.25天就有一次逆行现象，他把这种同

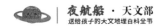

一天象再次出现的时间称为"回归周期"。他测出火星的回归周期比实际数值583.9天仅差3.35天，他还用同样的方法测出木星回归周期为400天，比实际的398.9天仅相差1.1天，误差非常低。除此之外，甘德还观测到了木星的卫星，成为第一个留下木卫观测记录的天文学家。甘德测定了更多的恒星，对其进行了划分和命名，并著有《天文星占》《岁星经》。

石申和甘德都非常重视天文观测，所进行的研究也是一脉相承的。他们突破时代的局限性，极大地促进了我国古代以观测为主的天文学发展，对后世有非常深远的影响。以现在的眼光来看，他们的研究方法非常科学。

东汉历法界先驱——贾逵

贾逵，是东汉时期的扶风平陵人，也就是今天的陕西咸阳人。他不仅是一个学识渊博的儒者，还是一个伟大的天文学家。贾逵小时候就是一个神童，早早就能诵读五经，长大之后更是博学多才，撰有《春秋左氏传解诂》《国语解诂》等书。不管智商还是情商，贾逵都非常高，因此顺理成章地做了朝廷大员，曾任侍中、左中郎将等职。

除了在文学领域有诸多贡献，贾逵在天文历法方面的见解也独树一帜。在当时的读书人眼里，他可是一个传奇人物。

西汉建立于公元前202年，在公元前104年的太初元年颁布《太初历》之前，采用的是秦代制定的《颛顼历》。《颛顼历》采用的是十九年七闰法，一回归年为365.25日。《太初历》规定一年等于365.2502日，一月为29.53086日；以正月为岁首，同时将二十四节气纳于其中。西汉灭亡之后，东汉建立，朝廷于公元85年（东汉元和二年）颁布四分历。

贾逵研究了汉代使用《颛顼历》《太初历》的200多年间的月相记录后，发现了朔日误置的情况，也就是一个月的天数计算是有误差的，这个误差最大可以达到8.9小时。贾逵根据自己的研究，主张改进历法，调整四分历，为后来岁差的发现奠定了基础。

贾逵还发现，月亮并不是匀速运动的，而是有快慢变化的，并且首次提出应该用黄道坐标系来测算太阳和月亮的运行情况。他认为，原来用赤道坐标系测算太阳和月亮的运行情况会出现误差。公元103年7月，朝廷下诏打造黄道铜仪，之后便采用黄道坐标系来测算太阳和月亮的运行情况。

贾逵在天文历法上的研究和发现，在那个时代非常具有突破性，可见他天资卓绝。虽然贾逵这样的天才人物在当时没有得到皇帝的赏识和重用，但他用个人的才华和功绩在历史上留下了浓墨重彩的一笔，真是让人刮目相看。

东汉天骄——张衡

张衡是东汉时期著名的文学家、天文学家，河南南阳西鄂人，也就是今天的南阳石桥镇。他两度担任掌管天文历法的太史令，还担任过郎中、尚书侍郎等职。张衡非常有才，不过他觉得官场是非多，并不爱做官。刚开始的时候，朝廷多次征召他，他都不去，还曾作《二京赋》来讽刺朝廷。不得不说，这个人真是胆子大呀！直到公元100年，他才应南阳太守鲍德的邀请做了主簿，掌管文书。

在历法方面，张衡提出改进《四分历》的建议。他担任尚书郎的时候，正是东汉实行《四分历》的时候，当时有人对《四分历》提出异议，他们从迷信的观念出发认为，《四分历》会带来灾祸，建议皇帝改用过去的《太初历》。于是，皇帝让双方展开辩论并采纳获胜一方的提议。

张衡一方使用的推算方法是"九道法"，这是按照月亮并不匀速运行的前提进行推算的一种方法。而当时包括《太初历》的其他历法，都是以月亮按匀速运行的前提来推算的。

由于月亮的运行并不是匀速的，所以张衡的推算方法确实比《太初历》和《四分历》更加精密准确。他认为，如果要放弃《四分历》，也不应该采用《太初历》。但遗憾的是，张衡一方未能在这次辩论中获胜，月亮不匀速运行的情况也没有被纳入历法的推算中，直到半个多世纪之后，三国时期刘洪的《乾象历》中才被采纳——这是中国历法史上的一个遗憾。

在天文学方面，张衡有很多自己的见解。他认为天体的运转是有规律的，宇宙是无限的；月亮本身不发光，月光来自太阳光的反射；日食的出现也不是因为天狗食日，而是月球遮挡了太阳光的结果；月球在绕地球运行的过程中，有的时候远，有的时候近，而不是始终一样的。

他还观察到中原地区可以看到2500颗星星，这与现代的看法相近。张衡利用太阳的运行规律，正确地解释了夏季昼长夜短、冬季昼短夜长，以及春分和秋分昼夜等长的原因。可能因为张衡擅长数学，他研究天象观测数据时，不管是计算的方法还是计算的结果，都格外科学和准确。

张衡不仅懂得历法和算术，还擅长用木料来进行机械制造，后世称他为"木圣"。他创造和改进了很多东西，比如，世界上最早利用水力转动，能模拟天象运转、测量天体位置的仪器——浑天仪；可以测定地震方位的地震报警器——候风地动仪；可以像鸟儿一样在高空飞翔的古代飞机——独飞木雕；靠水流作用进行运转的，能自动翻页的日历——瑞轮蓂荚；利用机械原理和齿轮的传动作用制造的指南车；利用齿轮原理，可以用来计算里程数的记里鼓车。

据说，张衡是受到神话传说中的奇树蓂荚的特征启发，才发明出自动

翻页日历瑞轮荚的。张衡简直就是个机械小能手，要是他制造出来的这些仪器能在东汉大规模应用，我们国家的科技力量会强大无比。除此之外，张衡还喜欢画画，在研究地理学的过程中，他还根据自己的研究和考察绘制过地形图，这幅图直到唐代还保存着。

在思想方面，张衡和他的研究一样，是尊崇科学的。他反对汉代普遍盛行的鬼神之说，认为那些都不是圣人之法，应该禁绝。张衡喜欢搞机械研究，喜欢远离繁杂的世俗生活，为此还作过《思玄赋》和《归田赋》，他的文学成就在古代文学史上也是有一席之地的。张衡真是一个全面发展的天才。

南北朝天赋之才——祖冲之

祖冲之，南北朝时期的科学家，他的祖籍在范阳遒县，也就是今天的河北省保定市涞水县人。他的父亲和祖父都在南朝做官，他青年的时候也很优秀，进入了国家学术机构——华林学省，之后做过从事史❶、县令以及校尉。童年时期，祖冲之就喜欢阅读天文学方面的书籍，同时进行实际观测和数据推算，这让他在数学、天文历法、机械制造方面都取得了卓越的成就。

祖冲之的那个时代，数学计算比较落后，不管是计算方式，还是计数工具，都很难满足天文领域的巨大演算需求，这使祖冲之在数学领域的研究上花费了许多精力。经过反复演算，他首次将"圆周率"精确到了小数点之后的第七位，也就是3.1415926到3.1415927之间，这比德国的奥托早了1000多年。

祖冲之详细地注释过《九章算术》——这是我国传统数学最重要的著作。在《九章算术》中，有关球体体积的计算公式是错误的，这个错误在

---

❶ 从事史：官名，也称从事，汉以后三公及州郡长官自己招募的僚属。

魏晋时期数学家刘徽早已经发现，只是刘徽没有找到正确的计算方法，直到祖冲之及其儿子祖暅之一起研究之后，才把正确的公式推导出来，这是我国数学史上第一次推导出正确的球体体积公式。

祖冲之不仅研究透了《九章算术》，还著作了一本有关数学的书——《缀术》。唐代初期，《缀术》被收入《算经十书》，成为国子监的学习课本。

在研究天文历法的时候，祖冲之发现当时采用的历法《元嘉历》不够准确，就自己动手编制新的历法《大明历》。《大明历》编成于公元462年（南朝宋大明六年），这是中国历法史上第二次大改革，而这一年祖冲之才33岁。祖冲之将自己编制的《大明历》呈现给朝廷，并写了一篇《上历表文》。

在《大明历》中，规定一回归年为365.2428天，祖冲之首先引入了岁

差的概念，解决冬至日在时间上的偏差问题，他还把19年7闰改为391年144闰，更符合实际天象。并且，祖冲之首次计算出交点月❶的天数为27.21223天，这与今天所测的27.21222天已经非常相近了。尽管这是南北朝时期最科学的历法，但遗憾的是，它受到守旧派的阻挠，没有得到实行。直到祖冲之去世10年后，也就是公元510年（南朝梁天监九年），梁武帝才颁行了《大明历》。

在机械制造上，祖冲之同样天赋卓越。他重新设计制造了失传已久的指南车，结构精巧，运转灵活，指南车上的铜人不管怎么移动都始终指向南方；他结合连机碓和水转连磨，制造出利用水流驱动的石磨，提高了农业生产效率，现在南方的一些地区还在使用这种水磨；他发明了一种利用轮子驱动前进的船，这种船能日行百余里，为我国造船史掀开了光辉的一页。祖冲之还发明了一种器皿，用这种器皿盛水，水装满了就会翻倒，水装一半反而立得稳稳的，古人常常将它放在书桌上，用来警醒自己"盈满则亏，水满则溢"。

祖冲之爱好广泛，除了数学、天文历法和机械制造，还喜欢研究文学和音乐，著有《述异记》十卷，他是妥妥的学霸呀！他的成就，除了天赋好的原因，还源自他的努力和对事物的探索精神——这非常值得我们学习。为了纪念祖冲之，国际天文学会以祖冲之的名字命名了月球背面的一座环形山，紫金山天文台将其发现的一颗小行星命名为"祖冲之小行星"。

唐代佛家走出的天文学家——僧一行

一行是唐代的一位出家僧人，他的俗家名叫张遂，"一行"是他出家之后的法号，所以大家也叫他"僧一行"。张遂是魏州昌乐人，也就是今天的河

---

❶ 交点月：月球在绕地球运行的轨道上相继两次通过白道与黄道的同一交点所经历的时间，主要用于日食和月食的推算。

南南乐。他是一个著名的天文学家，也是密宗的领袖人物之一。他协助密宗的创始人善无畏翻译了佛经《大日经》[1]，并为这部佛教经典作了疏，为密宗的开宗立派立下了汗马功劳。

张遂在长安长大，祖上是唐代的开国功臣，只是到他这一代就落没了，因此年幼的张遂家里比较贫困，想读书也是从长安的一个道观中借书来读。不过他很争气，青年时期就已经博览群经，精通天文历法、阴阳五行。21岁的时候，为了避开政治斗争，他跟随荆州景禅师出家为僧，之后又来到嵩山玉泉寺学习佛经，以及天文、数学方面的知识。受到朝廷征召之前，张遂还在荆州当阳山的佛寺中过着隐居的生活。

张遂的才能，在青年时期就已经展现出来了。别人读扬雄的《太玄

① 《大日经》：密宗立宗的过程中所依据的重要典籍之一，主要论述基本教义和行为要求。

经》可能会觉得晦涩难懂，但他从道观中把书借出来，几天之后就看完归还了。

尹崇觉得他是个天才，必定前途无量。果然，公元717年（唐开元五年），唐玄宗便派人到嵩山礼请张遂。张遂来到长安之后，唐玄宗以礼相待，将他请进光太殿，时常与他讨论治国安民之道，张遂俨然成为"帝师"。

公元721年（唐开元九年），因为李淳风编的《麟德历》预测的日食并不准确，唐玄宗觉得是时候编写一部新的历法了，于是精通天文历法的张遂受命领导这项任务。要编写一套历法，需要大量的数据来进行运算，而且这些数据必须准确，否则很难对那些常规的天文现象进行预测。为了测出来的天体位置更加准确，张遂和梁令瓒❶共同主持打造了黄道游仪。利用这个仪器，他们重新测定了150多颗恒星的位置。此外，在组织和领导观测工作的时候，张遂增加观测站的数量、扩大观测范围，北到今天蒙古国乌兰巴托西南，南到今天越南的中部，总计12处之多。可见，张遂组织的观测活动规模之大。

拿到观测数据后，张遂独自承担了数据分析和计算的任务。在这个过程中，张遂利用数学史上最早的正切函数表来解决问题。天文学界普遍认为，就连今天常用的牛顿插值公式，也被张遂在计算的过程中研究了出来。但张遂仅用两年时间，也就是公元725年到公元727年，就编定了《大衍历》的草稿本。

经过张遂和陈玄景整理之后，《大衍历》于公元729年正式颁行全国，实行了32年。《大衍历》首次提出"定气"概念，内容包括七十二候、太阳和月球每天的位置与运动、每天见到的星象和昼夜时刻，以及日食、月

---

❶ 梁令瓒：唐朝画家、天文仪器制造家。

食和金星、木星、水星、火星、土星五颗行星的位置等。公元733年（唐开元二十一年），《大衍历》传入日本，沿用近百年。

张遂不仅精通天文历法，在阴阳五行、周易术数方面相当厉害，《大衍历》之名就是因为他用周易数理准确推算出日食的出现得来的。没有用天文历法系统的观测数据进行计算，仅用周易术数的理论，就把一个完全由科学逻辑掌控的天体运行规律"拿捏"准确。不得不说，张遂真是厉害！

北宋全才——沈括

沈括是北宋著名的科学家、政治家。他出身书香世家，是嘉祐年间的进士，祖父曾任大理寺丞，父亲和伯父也都是进士。他自幼体弱，但读书用功，14岁就读完了家里的藏书，之后跟随父亲宦游各地，增长了不少见识。这样的经历，使他拥有敏锐的观察力和思考能力，在医学、天文学、数学、兵法、物理学、化学领域都有所建树。

沈括这么优秀的人才，自然非常受朝廷的重视。公元1071年（北宋熙宁四年），沈括守丧期满之后到京城述职，得到了宋神宗和丞相王安石的器重，受命为检正中书刑房公事。和一般的天才不一样，沈括简直是全才，因为他不仅学问好，就连做官也做得很好。

首先，沈括把天文观测仪器都尽可能改造得更加精确。比如，改进测星天体方位的浑仪，精简浑仪的结构，放大了窥管口径，提高了观测精度；对计时用的漏壶进行了改造，把铜制的曲形漏管改成玉制的直颈嘴，使壶嘴更加耐用，再把它的位置向下移，使流水更加通畅；他还考虑到不同气候对测量的影响，提高了北宋圭表测影的技术水平。

其次，沈括组织了天文观测，并取得了不错的成果。比如，沈括通过观测发现，真太阳日——也就是太阳连续两次经过中午的时间间隔有的长有的短；观察了五星的运行轨迹及陨石坠落的情景等。

最后，沈括根据观测到的数据，发现沿袭下来的《大衍历》的误差。于是，沈括着手改革旧历，编修"奉元历"，并在公元1075年（北宋熙宁八年）颁行。

沈括不仅在编制《奉元历》的时候把闰月和朔日的设置更改得更符合实际，还在晚年的时候进一步提出《十二气历》。这个《十二气历》，将一年分12个月，一年的第一天定为立春，不用闰月，不以月亮的朔望定月，这样既不违背天体实际的运行规律，又有利于农事的安排。

沈括也擅长数学，隙积术和会圆术就是他在数学领域的两大贡献。隙积术，也就是高阶等差级数求和，是沈括运用类比、归纳的方法，以体积运算公式为基础总结出来的。会圆术，也就是用圆的弦长求弧长的方法。后世的数学家，很多都在沈括的数学理论基础上展开了进一步的研究，并取得了举世瞩目的成就，可见沈括在数学领域发展上的成就是具有突破性的。除此之外，沈括还罕见的在物理学领域和化学领域进行了一些研究。

沈括研究并记录了人工磁化的方法，还对比了水浮法、碗沿法、指甲法、悬丝法这四种放置指南针的方法，指出悬丝法做出来的指南针最好。在研究指南针的应用时，沈括发现磁针"能指南，然常微偏东"的现象，最早用试验证明了磁偏角的存在，比哥伦布发现磁偏角现象早了400多年。所谓磁偏角，是地球两极与地磁两极不重合导致的磁子午线❶与真子午线间的夹角。

在物理学领域，沈括做过许多探索，他通过实验和观察，对小孔成像和凹面镜成像的原理做了生动的阐述，还推论出透光铜镜的原理，推动了透光镜的研究。沈括最早记录了"红光验尸"的内容，是我国有关滤光应用的最早记载，这种应用在现代仍有重要的现实意义。另外，沈括还注意到了音调高低与振动频率之间的关系，并记录了声音的共鸣现象——他用纸人放大了琴弦产生的共振，形象地说明了弦的共振现象。因为士兵用皮革做的箭袋垫在地上，附耳上去就能听到数里外的人马声，沈括对此提出了"虚能纳声"的空穴效应。

在化学领域，沈括记录了利用化学置换反应提炼铜的操作流程。沈括还是我国为石油命名的人，他用石油来制墨，命名为"延川石液"，苏轼评价说比松烟还好。古人没办法像现代一样把石油提炼出来，给汽车等机器设备提供动力，但也在石油资源上加以利用，沈括的记载中就有古人采石油来点灯照明的情况。

沈括的博学，说也说不完，就连医学、音乐、文学方面都有他涉猎的足迹和他留下来的著作。除了我们耳熟能详的笔记体著作《梦溪笔谈》，沈括还著有《浑仪议》《浮漏议》《熙宁奉元历》等众多科学著作。

🌥 北宋科学家——苏颂

苏颂是北宋天文学家、药物学家。他出身闽南望族，行事坚定、稳

---

❶ 磁子午线：在地面某点的磁针指向地球磁南北极的线为该点的磁子午线。

健，遇事镇定，又能体恤百姓，尽管朝廷派系斗争严重，但他并不选边站队，苏颂官至刑部尚书、吏部尚书，晚年入阁拜相，宋徽宗即位后让他做了太子太保，加封为赵郡公。

苏颂是一个机械制造大师，他领导制造了世界上最古老的天文钟——水运仪象台，开启了近代钟表擒纵器①的先河。他在水运仪象台顶部设有可以活动的顶板，可以自由拆装，能遮蔽雨雪，避免仪器被雨雪侵蚀。水运仪象台中的天衡系统的操作原理，与现代钟表的关键机件基本相同，可以说这个天衡系统是现代钟表的先驱。在水运仪象台制造完成之后，苏颂又结合浑天象的工作原理，主持制造了假天仪。人在假天仪内，通过观察模拟出来的明月星空的运转规律，然后根据这些观察进行科学

苏颂和他的水运仪象台

---
① 擒纵器：机械钟表中介于"传动机构"和"调速机构"之间的一种机械结构，其中擒纵器是机械钟表的灵魂。

推论。

公元1086年（北宋元祐元年），苏颂奉命检验太史局使用的天文观测仪器时，发现一些仪器因为绳索断裂，又没有人懂得怎么修，都没有办法使用了。于是苏颂想办法查找文献资料，把许多天文研究用的仪器、机械传动图、机械零件等绘画出来。正因为有这些图纸，王振铎、李约瑟等才能最大限度地复原出水运仪象台的全貌。如果没有这些图纸，后人是无法有效地开展复原研究工作的。

苏颂利用自己修复和改进的机械设备，进行天文研究，绘制了大量的星图。苏颂星图是根据元丰年间实际测绘出来的数据绘制的，比按照史书绘制的敦煌星图更细致、更准确。许多学者认为，从中世纪直到14世纪末，除了我们国家的星图，再也没有别的星图了。

苏颂领导天文相关的工作时，不但指导全局，还要亲自动手，尽管工作内容庞杂繁重，但他仍旧举重若轻。他在政治工作和文化工作方面，也是行家里手。他曾两次出使辽国，十分注意观察并搜集辽国的政治制度、军事设施、经济实力、山川地理、民族风情等相关的信息，并根据宋、辽两国的实际情况提出与辽朝和睦修好的外交政策，使朝廷坚定了宋朝对辽推行友好政策的决心。

苏颂领导的校勘整理藏书的工作成就显著，他自己更是家藏万卷，连宋神宗都羡慕他有那么多藏书。苏颂不仅著述颇丰，还是一位高产诗人，收录在《苏魏公文集》中的诗歌多达587首，律诗、绝句居多。

公元1101年（宋建中靖国元年五月庚辰）苏颂逝世，享年八十二岁。宋徽宗为其辍朝二日，追赠司空，宋理宗时追谥"正简"。纵观苏颂的一生，堪称完美，他上能得到领导皇帝的赏识，一路加官晋爵，官路稳稳当当；下能在不同领域开展工作，并都取得了显著的成就。这样的人生是何其伟大呀！

元代的福星——郭守敬

郭守敬是元代杰出的天文学家、水利学家和数学家，顺德邢台（今属河北）人。曾任都水监、太史令兼提调通惠河漕运事、昭文馆大学士、知太史院事等。

公元1276年（元至元十三年，南宋德佑二年），元军攻占南宋首都临安（今浙江杭州），元世祖迁都之后决定改历，他想颁布元王朝的历法，于是郭守敬走上历史舞台，奉命参与编修历法。古代历法的编制工作，一是必须测定二十四节气，特别是冬至和夏至的确切时间；二是需要测定天体在天球上的位置。想要得到准确的数据，就必须有好用的观测工具。因此，在编修历法之前，一样要利用各种仪器，通过观测，得到当世天文运行的数据，不然编制出来的历法不准确，就无法指导民众开展生产生活。就这样，郭守敬和自己的同事展开了机械的调整、修补和制造工作。

圭表，是根据太阳光下物体影子的长短来判断太阳所处位置，进而判断时间的工具。这个古老的工具非常实用，但它投影的边缘并不清晰，会影响测量精密度。于是，郭守敬制作了一个叫作"景符"的仪器，当太阳光照在圭表上的时候，会通过一个小孔投射到圭面上，表影的边缘会更加清晰，这样测出来的影子长度就会更加准确。此外，他还制作了一个叫作"窥几"的仪器，它能在明亮的夜晚借助星辉月光发挥作用。

浑仪，是一个可以模仿天体运动的圆球。早期的浑仪结构复杂，读数系统庞杂，人们无法直观地利用观测数据。郭守敬针对这个问题，对浑仪进行去繁就简的改进，做出了简单实用的"简仪"。为了使观测数据尽可能准确，郭守敬制造了将近20种仪器和工具，亲自测定并提供了许多精确的数据，比如他测定的黄赤交角是23°90′，这已经非常接近现代的精确值了。

除了有好的工具，做天文观测还要有好的观测位置。负责组织领导的王恂❶、郭守敬等，在元大都组织建设了一座新的天文台，台上放置了郭守敬制造或改良的天文仪器，那是当时世界上设备最完善的天文台之一。同时，元世祖还根据郭守敬的建议，派十四位天文家到元大都之外的26个观测点进行观测。这些观测结果，都为新历法的编制提供了科学数据。为了避免用复杂的分数来表示天文数据的尾数部分，郭守敬改用十进制的小数来表示。他总结前人的成果，采用了一些较为进步的计算方法，他采用弧矢割圆术进行坐标换算，并用招差法推算太阳、月球等的运行度数。

　　经过郭守敬等人的努力，一部新的历法在公元1280年（元至元十七年）宣告完成，并根据《尚书·尧典》中"敬授人时"的古语取名《授时历》。"授时历"历年365.2425天，历月29.530593天，将没有中气❷的月份设

---

❶ 王恂：元代天文学家、数学家。
❷ 中气：从冬至起，太阳黄经每增加30°，便是另一个中气。计有冬至、大寒、雨水、春分、谷雨、小满、夏至、大暑、处暑、秋分、霜降、小雪十二个中气。

51

为闰月。《授时历》沿用360余年，它的编制是我国历法史上的第四次大改革。

郭守敬完成《授时历》的编写工作之后，也许是因为在工作中所展现的领导能力和机械技术方面的才能受到认可，朝廷便任命他去解决复杂的水利工程方面的难题。在水利工程方面，郭守敬先是主持了自大都到通州的运河工程。此外，他还疏通旧渠、开辟新渠，修建了许多水闸、水坝。在当地人民的支持下，这些工程在短短几个月之内就完工了。

之后，郭守敬又负责了全国的水利改造与建设工作，工作期间向元世祖提出了许多建议。元世祖接纳了郭守敬的大部分建议，但后来在上都附近开一道水渠的时候，由于当时的主管官员目光短浅，认为郭守敬处理这事太过小心，就劝元成宗把郭守敬所定的渠道宽度削减了三分之一。河渠开通第二年，山洪暴发，缩减宽度之后的河渠无法容纳泛滥的洪水，致使元成宗的行宫几乎被冲毁。躲避灾难之后的元成宗不得不感叹："郭太史真是神人啊！"自此，郭守敬的声望就更高了。

公元1303年（元大德七年），元成宗下诏，年满70岁的官员都可以退休了，但就是不让郭守敬退休，因为朝廷还要依靠他。郭守敬操劳了六十多年之后，于公元1316年去世，享年86岁。他行为有逻辑，注重数据分析，在科学事业上一丝不苟，在政治工作中谨慎、细致，著有《推步》《立成》《历议拟稿》《仪象法式》等著作，晚年更是建造了天文仪器——灵台水浑。郭守敬的一生，做了许多造福百姓、流芳百世的事情，他的科学精神是值得我们学习的。

明代先行者——徐光启

徐光启是明代著名的科学家、政治家。他是万历年间的进士，曾任礼部尚书兼文渊阁大学士。他师从意大利传教士、学者利玛窦，学习西方天文、历法、数学、测量和水利等科学技术，并将西方科学技术介绍到中国，是沟通中西文化的先行者。

公元1593年（明万历二十一年），徐光启在韶州任教，他第一次从传教士那里看到一幅世界地图，才知道中国之外的世界竟然那么大，他第一次听说地球是圆的，意大利科学家伽利略制造的天文望远镜能清楚地观测到星体的运行。这种知识的洗礼对他来说，是颠覆性的。于是，他开始走近西方近代的自然科学。

元代传下来《授时历》，已经不再准确。于是，从公元1481年的成化年间开始，就有人提出修改历法的建议，但很多提议都以"祖制不可改"为由拒绝了。直到公元1610年（明万历三十八年）十一月的日食再次预报错误，朝廷才决定由徐光启组织，带领传教士等翻译西方天文历法方面的著作，用来为新修历法做参考依据，但这件事情很快就不了了之。

直至徐光启用西方的算法推演出公元1629年（明崇祯二年）的五月朔日食，礼部才向朝廷建议开设历局，由徐光启督修历法。自此，明代的历法工作才算步入正轨。但后来由于清朝入主中原，改历工作在明代实际上并没有完成。

徐光启编译了《崇祯历书》，在这本书中，他说地球是圆球形的，介绍了经度和纬度，引进了星等的概念，并提供了第一个全天性星图，为清代星表的编制奠定了基础。汤若望❶将徐光启的《崇祯历书》删改成《西洋新法历书》，并据此编制了《时宪历》，这套历法一直沿用到清末。

在数学方面，徐光启不仅翻译了《几何原本》，还撰写了《勾股义》《测量异同》，提出实用的"度数之学"的思想。《几何原本》的翻译，极大地影响了中国原有的数学研究系统，改变了中国数学发展的方向，这

---

❶ 汤若望：明朝末年来中国的天主教耶稣会传教士，历经明、清两朝。

在中国数学史上具有重大的意义。但直到20世纪初，在废科举、兴学校的过程中，《几何原本》才成为中等学校的必修科目。

哇，世界真的太大了。

徐光启在接触西方先进的天文科学之后，已经意识到中国古代的科学研究体系自身的局限性及其面临的挑战，因此向朝廷提出了各方面的建议。从中可以看出，他不仅具备天文历法方面的知识、才能和眼界，还是一个精通军事管理、农业生产管理的政治家。他曾亲自练兵，负责制造火器，成功击退后金的进攻。他认为，农业是富国之本，正兵为强国之本，因此非常重视军事科学技术的研究。他制造的管状火炮，在当时的国际领域也是相当先进的，但这种技术在明朝末年已经逐渐落后。在对火器的实际应用中，徐光启还在火器攻城、火器与步兵骑兵配合作战策略上进行研究。可以说，徐光启是中国军事技术史上首个提出火炮在战场中的应用理论的人。

徐光启勤奋、上进，他将毕生的经历都放到数学、天文、历法、农业、水利等方面的研究工作上，并留下了许多著作。他生活简朴、为官清廉，70岁生日时会提前写信叮嘱家乡的小辈，让他们不要送礼，但凡来送礼一概辞谢不受。徐光启高尚的道德品质，对学问精益求精的态度，都值得我们学习和效仿。

长知识了

1 **闰二月：**农历一年内出现两个二月，第二个二月为闰二月。

2 **农历、夏历：**阴阳历的一种，是我国的传统历法。平年12个月，大月30天，小月29天，全年353天、354天或355天。根据太阳的位置，一个太阳年分成二十四个节气，便于农事。纪年用天干地支搭配，60年周而复始。这种历法相传创始于夏代，所以又称夏历，也叫旧历。

3 **阴阳历：**历法的一类，以月亮的月相周期，即朔望月为1个月，但设置闰月，使一年的平均天数跟太阳年的天数相符，因此这类历法与月相相符合，也与地球绕太阳的周年运动相符合。

古代天文历法仪器

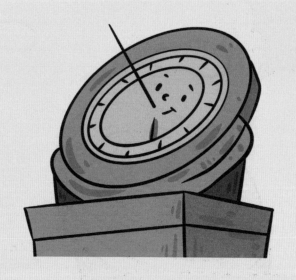

在古人认识时间的早期，观象授时的行为具有重要的意义。古人通过天象记录、历算、漏刻计时等来确定时间，指导农业生产和生活。经过长时间的发展，古人留下了许多设计精妙的天文仪器。接下来让我们一起去看看，各朝各代的天文仪器是如何工作并测算时间的。

古人通过什么知道时间？ ——圭表和日晷

我们现在把一天分作24小时，看看钟表或手机就知道一天到什么时候了，古人有类似的计时方式吗？古代也需要利用时间来安排生产生活，在长期的实践中，通过观察自然物象的变化，逐渐掌握了一些时间的变化规律，并以此发明了各式各样的计时工具，其中，在天文历法上应用最广、发明时间又非常久远的就是圭表和日晷了。

我们在生活学习中常常听到一个成语立竿见影，用来比喻立刻见到效果，但它其实也是一种观察时间变化的方法。不管是在一天之内，还是在

一年之内，日影的变化都是有规律的，古人在关注时间变化的同时，注意到了这一点。圭表和日晷就是他们根据日影的投影原理制造出来的两种计时仪器，它们是最简单、最古老的天文仪器。

圭表，由"圭"和"表"两个部分组成。竖立在南端，像标杆一样的物体，叫作"表"；平放在石座上像尺子一样的部分，叫作"圭"。一年中，不同的季节，"表"投到"圭"上的影长并不一样。比如，冬至日太阳高度最小，影长最长；夏至日太阳高度最大，影长最短。将圭表放在露天平台上，根据圭上的表影长度，测定日影的变化，可以定方向、测时间、求出周年常数、划分季节或制定历法。简单的器件，大大的用途，古人是不是很聪明！

圭表测影，是古代天文领域的主要观测手段之一。在4000多年前新石器时期的陶寺遗址中，考古学家就发掘出古人用的圭表。公元1279年，元代天文学家郭守敬领导建造的河南登封观星台的整体布局相当于一个巨大的圭表：高耸的主体建筑，相当于竖立在地面的"表"；主体建筑下方南北方向的长堤，相当于"圭"。现存最早的圭表，是1977年考古学家从安徽省阜阳市西汉汝阴侯墓中发掘出来的，距今也有2100多年的历史了。

　　古人通过圭表来观测时间的变化，但它的观测结果会存在一定的误差。与之相比，另一个计时器日晷计算时间就更加准确。日晷作为一种测量时刻的天文仪器，由一个带有刻度的晷盘和一根位于晷盘中央垂直于盘面的晷针组成。日晷不仅能显示一天之内的时刻，还能显示节气和月份，那它是如何工作的呢？

　　很简单，古人将十二时辰等有关时间的信息排列在晷盘上，然后把日晷放在没有遮挡的太阳底下，再根据晷针的影子落到晷盘上的位置就可以判断时间了。当然，它的缺点也显而易见——笨重，不易携带；在没有阳光的阴天或看不到影子的晚上，就没办法使用；摆放日晷的时候，晷盘所处的平面与地面的夹角必须与春分日（或秋分日）太阳正午的高度角一致。

日晷可以设计在任何物体的表面上，除了常见的赤道式日晷，还有地平式日晷、子午式日晷和卯酉式日晷等，我国古代的日晷一般是赤道式日晷。

赤道式日晷的晷盘，通常平行于赤道面，倾斜安放，晷针是指向南北极方向的金属针，晷针的影子落在刻度盘上，会随着太阳在天空中所在的位置而移动，落在不同的位置表示不同的真太阳时❶。

地平式日晷，也叫作"水平式日晷"，它的晷面必须处于水平状态，晷盘和晷针之间的夹角与当地的地理纬度相同，它容易制造、安装方便，但因为其必须使用其他计时工具来刻划晷盘的时区，所以使用起来不是很方便。

子午式日晷，晷盘的表面标记十二时辰❷的刻度，将晷盘放置在平面上，通过晷针的影子在正午十分是否投到晷盘表面午时所在的刻度来校正日晷的位置，日晷位置固定好之后就可以根据晷针的投影来判断一天所处的时辰了。

卯酉式日晷，是指晷针指向北天极❸，晷盘向北倾斜垂直于地面并平行于卯酉线和铅垂线所在的平面，测时精度没有赤道式日晷高。

圭表和日晷的存在，让古人对时间的认知和研究有了更科学的基础，同时也是辅助古代农业发展的重要工具。

---

❶ 真太阳时：天文学的时间计量系统。以太阳视圆面中心对于该地子午圈的时角来量度，以太阳在该地上中天的瞬间为真太阳时的 12 时。

❷ 十二时辰：古人将一天分为十二个时辰，分别是子、丑、寅、卯、辰、巳、午、未、申、酉、戌、亥，一个时辰相当于现在 2 小时。

❸ 北天极：指地轴和天球于北方相交的一点，即北半球星空旋转的虚拟中心点。

🌥 宇宙模拟器——浑天仪

古人在观察天象的时候产生了两个有趣的理论学说，盖天说和浑天说。盖天说认为，天像一把张开的圆伞，地像一张方形的棋盘，天在上，地在下，日月星辰在大伞盖上运动，它们的东升西落是其由近而远的运动导致的，并不是因为它们没入地下了；而浑天说认为，天和地的关系就像蛋壳包裹着卵黄，天的形体是浑圆的——称作"浑天"，日月星辰每天围绕南、北两极不停地旋转。

古人在探究宇宙的过程中，有的人偏爱盖天说，有的人偏爱浑天说。在没有天文望远镜的时代，偏爱浑天说的天文学家根据自身的知识体系，在浑天说的基础上打造出宇宙模型——浑天仪。尽管今天的我们用"上帝视觉"可以看到，浑天说与西方的地心说❶一样，都是错误的揣测，不是科学的宇宙观。但在那个时代，相对于其他学说，浑天说已经具有一定的进步意义了。

一提到浑天仪，我们就会想到张衡，但张衡并不是制造第一架浑天仪的人。浑天仪从发明出来到今天，不管外形，还是运转所需的动力来源都不是始终不变的。张衡制造的浑天仪，是以水力推动运转的；明代的浑天仪，则需要人力推动运转。如今我们看到的浑天仪，是由许多圆环套在一起、中空的球体，圆环上有日月星辰对应的标记，更像一个用来观测天象的仪器；张衡制造的浑天仪，则更像一个可以模拟宇宙运行的玄妙机器。

张衡在西汉天文学家落下闳、耿寿昌等创造的浑天仪的基础上，设计了以水力推动的浑天仪，它属于较早的一种浑天仪。这种浑天仪相当于现在我们看到的天球仪，分作好几层，每层都可以转动；由铁轴贯穿球心，铁轴的方向跟地球的自转方向相同，铁轴和球体的两个交点就是天球上的

---

❶ 地心说：亦称"地球中心说"，认为地球居于宇宙的中心不动，太阳、月球、行星和恒星都绕地球转动。

北极和南极；球的一半隐没在地平圈的下面，另一半显露在地平圈上面，球面上不仅有黄道圈和赤道圈，还刻有日月星辰和二十四节气的名称，并从冬至点起把圆面分成365°，每度又细分成4个小格。

张衡利用齿轮、转轴等机械原理，可以把肉眼能观测到的天象几乎都模拟出来，这在当时是一项了不起的创造，后人还在此基础上进行改进，制造了世界上最早的天文钟。但张衡的浑天仪，因为图纸和记录皆已失传，它具体的运转原理已经成了一个谜。如果有一天，人们能够找到足够的资料，完整地复原出这台神妙的仪器，也许我们可以透过它看到古人眼中的宇宙。

古老的天文钟——水运仪象台

你能想象，在1000多年前，古人发明了一种集计时、报时、天文观测和模拟星象多种功能于一体的天文仪器吗？而且它还是水力推动的。这要

是放在现代，那妥妥的是无污染新能源啊！

公元1092年，苏颂组织韩公廉等人制造了古代大型天文钟——水运仪象台。这是当时世界上最先进、技术综合程度最高的大型机械装置。

水运仪象台分上、中、下三层：上层设置浑仪，屋顶可以开合，打开来就可以观测星空；中层设置浑象，可以模拟天体运动；下层设置木阁，是计时、报时的装置。下层木阁是整个水运仪象台的核心部分，有五层，每层有门，到一定的时刻就会有木人从门中探出来报时。木阁背后有漏壶和机械系统，漏壶可以引导水的升降，利用水力驱动传动装置，运转仪器。苏颂在《新仪象法要》中说，水运仪象台高约12米、宽约7米，是一个大个子。

仔细想一想，水运仪象台的报时功能和清代西洋传来的报时钟像不像？如果同学们想一睹水运仪象台的风采，有机会可以去开封市博物馆看看它的复原模型。从水运仪象台的机械结构，我们可以看出古人的聪明智慧，他们擅长利用水力、风力等自然的力量制造器械。

除了水运仪象台，你还知道哪些用水力推动的古代仪器呢？

🌩 太阳的追随者——仰仪

古代天文学家是怎么观察太阳的运行规律的呢？一开始他们用肉眼观察天上的太阳，可是太阳光太刺眼，长时间注视太阳会损伤眼睛，这不是长久之计。于是他们想到一个方法，打来一盆水，通过太阳映照到水中的倒影来观察太阳的运行，这比仰头直接看太阳方便多了，最重要的是不会被太阳灼伤眼睛。

不过，用水盆映照太阳还是有弊端，因为一有水波就什么都看不清了。有困难就解决困难，这对古人来说都不是事儿。后来古人就用油替代水来进行观测。可是这个方法只能大致观测太阳的运行，没法精确地丈量它的数据，得到的观测结果相对模糊。想要得到精确的数据，还需要更精密的仪器。元代的郭守敬在总结前人的经验之后，制造出更加精密的天文仪器——仰仪。

仰仪，可以用来测定真太阳时和所处季节，还可以用它观测日食的全过程。那么，仰仪的结构如何，又是怎么工作的呢？

仰仪

想了解仰仪的工作原理，就先让我们一起来看看仰仪的构造。仰仪的主体就像一个盆，盆的内部为铜质半球面，内球面上纵横交错地刻画着规则的网格，这是赤道地平坐标网，可以用来为天体设定坐标。半球面的外缘刻有水槽，水槽注水之后可以用来校正仪器。水槽的外侧均匀地刻了12条线，线条处标记了从子到亥的十二时辰；水槽的内侧均匀地刻划了24条线，线条处标记有二十四节气。仰仪半球面上方朝南的位置，在东西向、南北向各水平放置一根杆子，这个杆子叫作"缩竿"。南北向的缩竿搭在

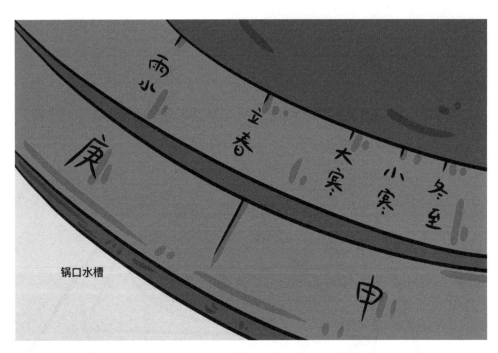

锅口水槽

东西向的缩竿上，南北向缩竿的末端与半球面的中轴线相交并装置一个小方板，这个小方板叫作"璇玑板"。璇玑板的中间有一个小孔，阳光可以

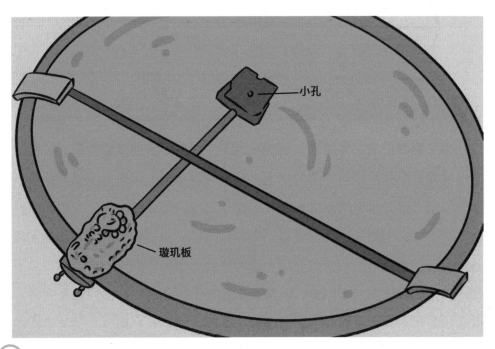

小孔

璇玑板

从这里透过，形成光点。

使用仰仪的时候，要转动璇玑板，使它正对太阳，古人根据太阳的光点落到坐标网上的位置，从而推算出所处的真太阳时及其时节。仰仪采用直接投影法进行观测，尤其在日全食时，能够通过它测定日食发生的时刻，清楚地观看到日食的全过程，就连每个时刻日食的方位角、食分，以及日面亏损的大小都能比较准确地测量出来。

仰仪结构巧妙，应用方便、直观，是古代科学家探究天体运动过程中智慧的缩影。

六十度内任意测——纪限仪

明清时期，西方传教士来到中国，他们带来了西方天文学上的发展成果。传教士汤若望将明末改历的主要成果整理之后献给清廷，清廷任命汤若望为钦天监监正。跟随汤若望一起定制历法的比利时传教士南怀仁，在

纪限仪

汤若望之后继任为钦天监监正，执掌钦天监。

公元1673年（清康熙十二年），南怀仁设计制成了六件天文仪器，分别是天体仪、赤道仪、黄道仪、地平经仪、地平纬仪和六分仪。其中，六分仪就是纪限仪，亦称"距度仪"，主要用来测定60°内任意两个天体的角距离，以及日月的角直径，现存北京古代天文仪器陈列馆。纪限仪的主体由一段60°的铜制弧面和一根铜杆构成：弧面半径2米，固定在铜杆上，能自由转动；弧面由转轴固定，转轴插入下方的底座之中方便支撑；铜杆上设置了一根横杆，横杆上挂有游表等附加仪器。

纪限仪整体看起来就像一把没有弦的长弓，在实际观测时，要先旋转仪器，使它的主体部分对着想要观测的两颗星星，将弧面与两颗待测星星移动到同一平面上，然后微调主干并使其对准两颗待测星星的中间位置。这样，就可以计算出两颗待测星星之间的角距离了。

最开始，南怀仁设计六件天文仪器的思路，是把传统浑仪的多种用途拆分开来。功能拆分之后，仪器的构造变得更加简单，用途也更加专一。不过，在具体实践的时候，这个思路也存在问题，即拆分之后的仪器过多，分工过细，原先用一架仪器就能得到的数据，要换用几架仪器分别测算，费时费力，也容易造成误差。因此，康熙晚年，传教士纪利安又制造了地平经纬仪替代使用。

中西合璧——玑衡抚辰仪

古代天文学的发展历经上千年基本靠肉眼观察和测算，没有今天的天文望远镜，人们很难进一步对日月星辰进行观察。直到清期兴盛的时期，玑衡抚辰仪被制造出来，古代版的天文望远镜才出现。玑衡抚辰仪是在什么样的历史背景下出现的呢？

原来南怀仁所造的六件天文仪器，由于历史原因和个人学识的局限性，在实践过程中暴露出了明显的问题。与此同时，传统的天文仪器到乾隆初年不是被废弃就是被毁坏，加上当时学风的影响，中西相结合的新一代天文仪器——玑衡抚辰仪就这样诞生了。

玑衡抚辰仪的前身是三辰仪。公元1744年（清乾隆九年），乾隆帝打算去观象台转转，他来到观象台之后，觉得浑天仪最符合中国的观测传统，但时度的划分按照西方的方法进行会更好。钦天监官员听皇帝这么说之后，一合计，奏请设计制造三辰仪——一个结合中西方技术的天文仪器。这个请求很快得到了乾隆的批复：准奏。

三辰仪是针对清初六仪也就是南怀仁制造出来的六个天文仪器，尤其是赤道仪的一种改进，也是对传统浑仪的一种简化。经过多次改稿，三辰仪的环架结构按浑仪仍定为三层，并装有望筒——这是古代的天文望远镜。完工时，乾隆帝重新赐名。乾隆帝这人有才，依据《尚书·虞书·舜典》"在璇玑玉衡，以齐七政"的古义，将其定名为玑衡抚辰仪。

玑衡抚辰仪采用了西方360°的圆周度划分习惯进行刻度划分，设有固定的赤道环，通过换算，可以轻易读得天体赤道的经度。通过玑衡抚辰仪上的望筒，所求得的真太阳时也比赤道经纬仪测出来的更准确一些。虽然实质上仍有观测误差，但相对于过去，使用玑衡抚辰仪之后，测量精度已经大幅提高，并能够减少换算上的讹误，可以节省时间，提高观测质量和观测效率。

从提出倡议到完全制成，玑衡抚辰仪的制造历时10年。它造型美观、花饰精细考究，是清代兴盛时期工艺水平的代表作，是北京古观象台上陈设的最后一件大型铜铸天文仪器，也是我国古代最后一座浑仪。

长知识了

1 赤道面：指地理坐标系上赤道所在的平面。赤道是把地球分为南北两个半球，纬度为0°的纬线。

2 黄道面：地球绕着太阳公转的轨道平面，它与天球相交的大圆为"黄道"。

3 黄赤交角：地球公转轨道面与赤道面的交角，也称为黄赤大距、黄道交角。

4 天球：为研究天体的位置和运动，天文学上假想天体分布在以观测者为球心、以适当长度为半径的球面上，这个球面叫作天球。以地心为球心的叫作地心天球，以太阳中心为球心的叫作日心天球。

5 天球仪：球形天文仪器，刻画着星座、赤道、黄道等的位置。就像地球仪一样，一般用于教学，可以帮助初学者认识星空。

6 回归年：也称太阳年，是太阳中心连续两次经过春分点所需要的时间。一个回归年等于365天5小时48分46秒。

06

宇宙的大门——古代天文台

天文台是观测天体、研究天文学的机构。我国天文领域的发展历史非常悠久，就连天文台的存在都可以追溯到夏商周三代以前的黄帝时期。据说，黄帝时期就已经"设灵台，分五官，定其职掌"，其中的"灵台"相当于现在的天文台。古人通过天文观测指导农业活动，决定什么时候耕种、储存粮食过冬。因此，天文历法在农耕社会具有非常重要的意义。下面，就让我们一起走近各个朝代，了解一下天文台吧！

上古三代——夏之清台、商之神台、周之灵台

夏商周三代的天文机构虽然还没能到达完备的地步，但已初具雏形。比如：在官员设置上，夏、商两代设有太史一职，负责观察天象，同时掌管王室的图书典籍；周代以天、地、春、夏、秋、冬命名官职；在技术上，已具有测定方位、观测物候、漏壶计时、粗制历法等方面的能力。专门用来进行天文观测和研究的，有夏朝的清台、商朝的神台、周朝的灵台。

天文台的建造，使天文观测仪器有充分发展的空间，许多现代天文领域仍在观测和研究的内容，在夏、商、周时期就已有观测记录。

记录日食：公元前21世纪，仲康（夏代第四个王）为王时期，有记录说占星官羲和玩忽职守，没有提前测算出日食的时间，日食发生的时候又喝醉了酒，没有对日食进行观测。按当时的法律规定，如果对天象历法推算有误，会被处以死刑。

发现新星：在河南安阳小屯村发掘的殷商时代的甲骨文中，就有不少新星的发现记录。在欧洲，第一颗新星的发现是公元前134年希腊天文学家依巴谷记录下来的，这比殷墟甲骨文的记录要晚1000多年。

经过夏商周三代的发展，我国历代的司天监或太史局的规格基本定了下来，只是规模大小随着当时国力的强盛略显不同而已。

汉代——灵台

汉代建造的天文台不止一处，有的是用来观察天象的，有的是用来观察气候物候变化的。古书记载，西汉在都城长安西北4千米处建造了灵台，刚开始沿用夏代的称谓，叫"法称清台"，之后改为"法称灵台"；东汉在都城洛阳城南、平城门外御道西，离城大约1.5千米处建造了迄今为止发现的当时世界上最大的天文台。

根据目前的考古发掘来看，东汉建造在洛阳的灵台遗址，占地达4万多平方米，东、西、南还保留着残存的夯土墙基，地面下的台基长、宽各约50米；中心残存一个东西宽约31米、南北长约41米、高约8米的方形夯土台，台顶已塌毁为一个椭圆形的平面；夯土台四周有上、下两个平台，平台上均有建筑遗迹。东汉人建造灵台的时候，将夯土台削为直壁，然后在上面挖槽立柱，柱的底部放置方形柱础作支撑，地面全部用长方形小砖以人字形交错铺砌，壁面再按东、西、南、北，分别涂上青、白、红、黑不同的颜色。

史书上说，这个天文台一共有十二道门，建造于公元56年（东汉建武中元元年），安排在灵台工作的人分工有序、职责分明。可见，东汉时期的天文台规模宏大，已经相当于一个完备的科研机构了。这个天文台，一直沿用到曹魏及西晋立国之后，前后连续使用有250多年之久，它为我国天文学的发展做出了巨大贡献。

灵台是太史令的下属机构，东汉著名的天文学家张衡先后两次出任太史令，他设计制造候风地动仪、浑天仪等仪器，亲自主持领导了灵台的天文观测和研究工作。

唐代——司天台

在唐代，天文台的数量比较多，一般都有专门人员日夜守在仪器旁

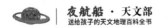
边进行观测。他们将观察到的情况记录下来，供天象推算、历法修订等使用。唐代天文台的设置，已经有职能化、专业化的倾向，朝廷根据不同的需求选址建设，典型的有太史监的仰观台、集贤院的仰观台、乾元司天台的灵台、化州观风台等。

太史监的仰观台： 唐代最开始根据隋朝官制设置太史监，后来改称太史局，负责掌管天文、考定历法，每天都要向朝廷提交所测日月星辰、云雨变化等情况的报告。每年还要制定历法，呈报给皇帝颁布施行，还要选择祭祀、冠婚及其他重大典礼的时间。可能太史监需要进行大量的计算，有一段时期曾与算学馆部分人员合并。

算学馆，相当于现在大学的数学系。唐朝初期并没有设立算学馆，公元656年（唐显庆元年）才效仿隋朝学制设立，可见在隋唐时期，人们就已经把算学作为一门单独的学科来研究了。

关于太史监的仰观台有一个传说，唐太宗打算到泰山封禅，但太史监的官员从仰观台看到彗星从天空划过，和朝臣讨论之后觉得这是不祥之兆，于是唐太宗不再进行封禅一事。就连天文学家李淳风都曾在仰观台观测天象，推演吉凶。

集贤院的仰观台： 公元725年（唐开元十三年），改丽正殿修书院为集贤殿书院，简称"集贤院"。集贤院一般以宰相充任大学士，并设学士、直学士、修撰、校理等官，主要负责修书、掌理秘书图籍之类的事情。集贤院内建有一座仰观台，专门给著名天文学家僧一行（俗家名张遂）使用，用来观测天气情况，相当于现在的气象台。

司天台的灵台： 公元758年（唐乾元元年），改太史监为司天台，内设灵台。司天台的工作人员大致有60个人，主要用来观测风云物候的变化。

化州观风台： 始建于唐代，用来观测天气，相当于现在的气象台。观风台，宋代叫清风楼，元代叫观风楼，明代又改回清风楼，清代同治年间

重建之后改名魁星楼，后来通称清风楼。

唐代众多的天文台和算学的进一步发展，加上开放的国风国政，使古代天文历法的研究事业得到了延续和发展。

元代——登封观星台

公元1260年，忽必烈称帝，公元1271年将国号定为大元。元代的统治者，和其他朝代的统治者一样，都非常重视天文历算工作。公元1276年（元至元十三年），元大都设置太史局，之后改名太史院，直接受皇帝管辖。同时还设立了司天台、司天监，继承宋、辽、金的历法，聘请天文历算家，并根据他们的意见兴建了规模宏大的太史院和天文台。

元代司天台规模宏大，其中方便观测的灵台，设置了办公地点。推算局在面东的房间，测验、漏刻二局在面西的房间，仪器存放在面北的房间，主管人员在面南的房间办公。由此可见，元代司天台设备齐全、组织严密，在当时堪称世界一流。早期的司天台设有负责观星的观星户和负责占卜测算的阴阳户，以便进行广泛的天象观测。但这种观测活动曾中途暂停过，直到公元1296年（元元贞二年）才重新恢复活动。由于明初战争的影响，司天台和太史院建筑荡然无存。

司天台和太史院虽然已经看不到了，但河南登封的观星台至今保留完整。公元1279年，郭守敬领导建造了河南登封观星台，这是一座测影台，是迄今为止保存下来的最早的观星台。根据古籍记载，这座观星台上原来有铜壶滴漏这样的设施，虽然现在已经看不到这个设施，但可以推测这座观星台应该以测量日影为主，兼有观星、计时等多种功能。

明清——北京建国门古观象台

公元1421年（明永乐十九年），明成祖朱棣把都城从南京迁到北京，但在迁都的过程中并没有把天文仪器带到北京，负责天象观测工作的官员

只能在朝阳门附近的城墙上进行观测。

公元1437年（明正统二年），钦天监监正皇甫仲和❶终于坐不住了，他上奏皇帝说："南京的观象台有浑天仪、圭表之类的仪器，可以观测日月五星的运行情况。但北京没有仪器辅助，在城墙上进行观测多有不便。请求皇上准许我到南京去，用木材制作仪器的模具，带到北京之后再用铜铸造出来。这样的话，观测推演的结果才会比较准确。"皇上同意了皇甫仲和的请求，并着手建造观星台和钦天监。

公元1442年（明正统七年），著名的北京建国门古观象台建成，那时候叫作观星台。该观星台高14米、东西长约24米、南北宽约20米，台下有铜铸的浑天仪，用四根铜铸盘龙架支撑着。

除了浑天仪，观星台上还放了各种各样的观测仪器。因为地震，观星台进行过一次大修，之后就没有什么大的变动了。所以清朝的灵台，沿用的就是明朝的观星台，之后改称观象台。因为仪器老旧，康熙和乾隆在位的时候，都曾对观象台上的仪器进行增补。

明清时期的灵台比较多，但这座拥有500多年历史的北京建国门古观象台，是世界上古老的天文台之一。它建筑整齐，仪器保存完好，是明清两代封建王朝的皇家天文台，现为全国重点文物保护单位。同学们如果有机会，一定要去看看呀！

不管朝代如何更迭，历朝历代都非常重视天文观测，有的甚至把天文观测和国家命运联系到一起。通过天文台的建造背景和建造规模，我们可以了解那个时代天文历法的发展情况以及取得的天文成就。

---

❶ 黄甫仲和：明代科学家，精通天文历算。